eccì, ecciù, etciù
(意大利语)

hatsjie
(荷兰语)

apsoú
(希腊语)

atchim
(葡萄牙语)

atchoum
(法语)

hapşu
(土耳其语)

atju
(丹麦语)

attji, attjo
(瑞典语)

āti
(汉语拼音)

aptshi
(俄语)

choo
(阿拉伯语)

海蒂·特尔帕克

1973年出生于奥地利维也纳。幼儿教育家，行为教育家，儿童健康教练，并从事儿童早期音乐教育工作。2014年凭借处女作《蚊子戈尔达》荣获德国青少年文学奖科普绘本大奖。

蕾奥诺拉·莱特尔

生于1974年。于奥地利林茨大学完成平面设计及传播设计大师班。自由设计师，插画家。长期从事童书插画创作，作品曾多次获奖。

病毒小子威利
BINGDU XIAOZI WEI LI

Text by Heidi Trpak
Illustration by Leonora Leitl
Originally published in German under the title:
Willi Virus. Aus dem Leben eines Schnupfenvirus
© 2015 Tyrolia-Verlag, Innsbruck-Vienna
Simplified Chinese translation copyright©2025 by Shanghai Educational Publishing House
ALL RIGHTS RESERVED

本书中文简体字版权通过版权代理人高湔梅获得
本书中文简体字翻译版由上海教育出版社出版
版权所有，盗版必究
上海市版权局著作权合同登记号 图字09-2025-0033号

图书在版编目(CIP)数据

病毒小子威利/(奥)海蒂·特尔帕克文;(奥)蕾奥诺拉·莱特尔图;罗亚玲译. -- 上海:上海教育出版社,2025.6(2025.12重印). -- (公共卫生科普绘本). -- ISBN 978-7-5720-3554-8
Ⅰ.Q939.4-49
中国国家版本馆CIP数据核字第2025N1Z504号

公共卫生科普绘本
病毒小子威利

作 者	[奥地利]海蒂·特尔帕克 文 [奥地利]蕾奥诺拉·莱特尔 图	印 刷	上海盛通时代印刷有限公司
译 者	罗亚玲	开 本	889×1194 1/16
责任编辑	钦一敏	印 张	2
美术编辑	王 慧	版 次	2025年6月第1版
出版发行	上海教育出版社有限公司	印 次	2025年12月第2次印刷
地 址	上海市闵行区号景路159弄C座	书 号	ISBN 978-7-5720-3554-8/G.3177
邮 编	201101	定 价	45.00元

如发现质量问题，读者可向本社调换 电话：021-64373213

病毒小子威利

一个感冒病毒的一生

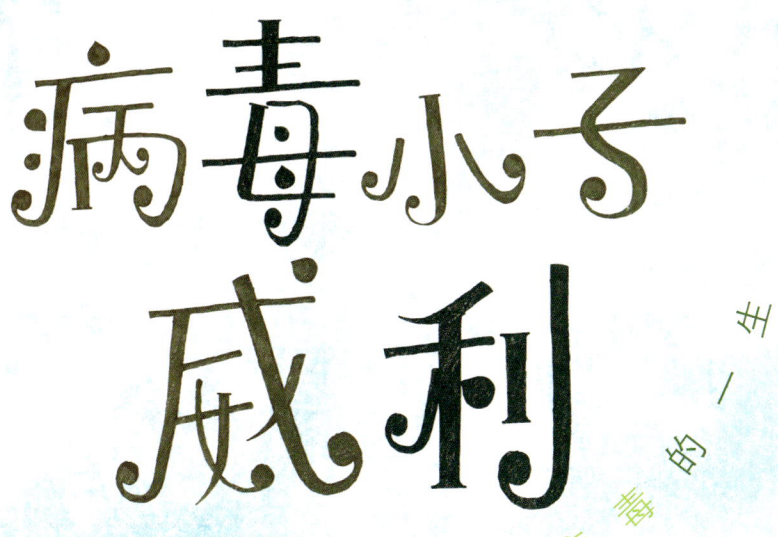

[奥地利]海蒂·特尔帕克 文
[奥地利]蕾奥诺拉·莱特尔 图
罗亚玲 译　高湔梅 审校

上海教育出版社
SHANGHAI EDUCATIONAL PUBLISHING HOUSE

嗨，我是*病毒小子威利*！

你们一定认识我，我可是经常来拜访你们的。我来的时候，总是会带上一份特别的礼物：一次严重的感冒。

我就是鼻病毒（Rhinovirus）——不，不是犀牛（Rhinozeros），而是感冒病毒。

注释1　"鼻病毒"的德文是Rhinovirus，它是由一个希腊语的词头和一个拉丁语的词尾组成的。Rhís的意思是"鼻子"[Rhinovirus（鼻病毒）这个词的德文词头即由此而来]；virus的意思是"毒液""黏液"或"唾液"。

我小得让你没法相信。不止是小,而且是非常非常微小。在这个点上,可能站得下我的5000个亲戚。

人类发明了显微镜来观察我们,因为我们真的很奇妙。

注释2 鼻病毒(通过显微镜观察可见)属于小核糖核酸病毒科。这是目前已知的最小的病毒之一,只有几十纳米(1纳米等于100万分之一毫米)。

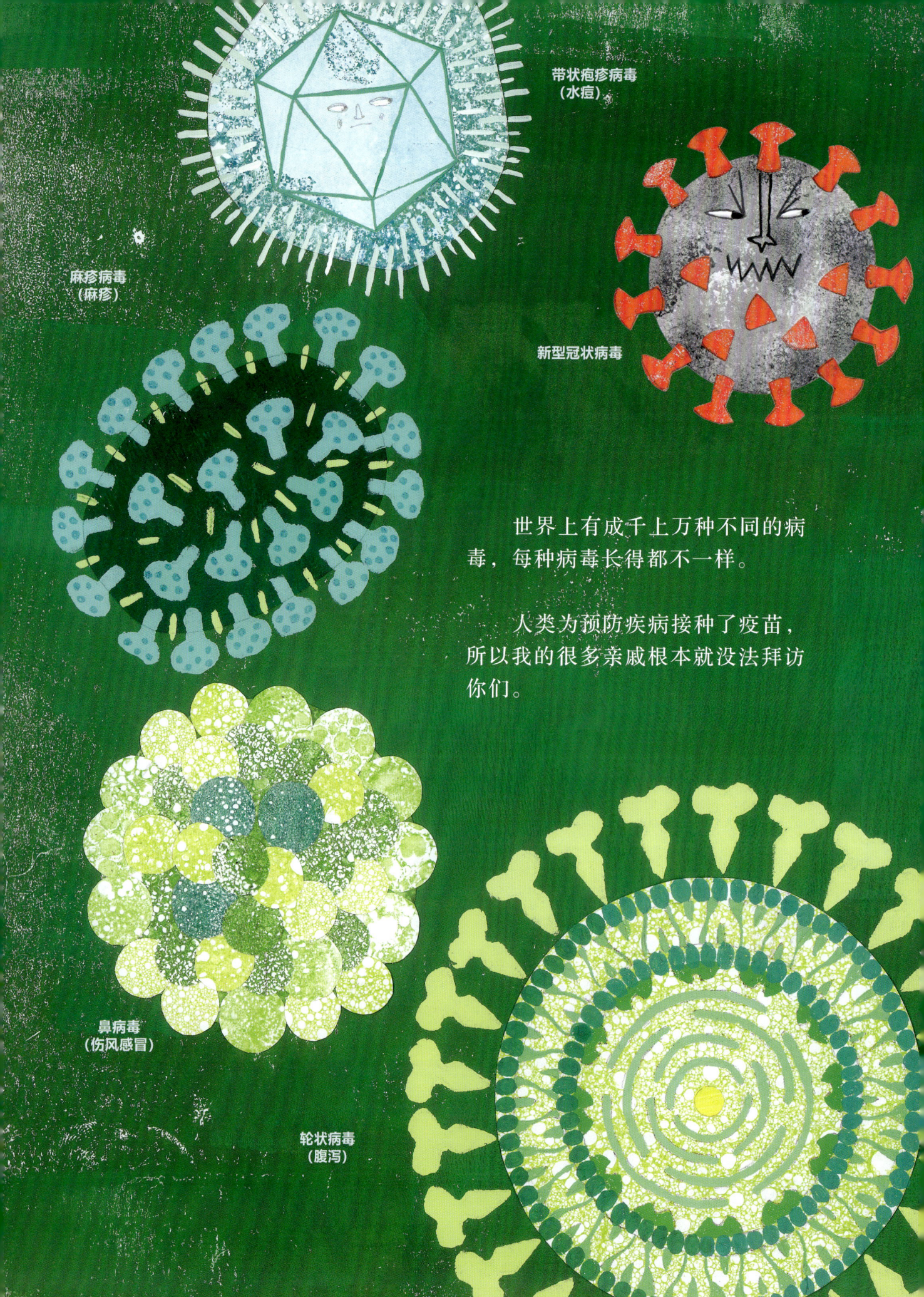

带状疱疹病毒（水痘）

麻疹病毒（麻疹）

新型冠状病毒

世界上有成千上万种不同的病毒，每种病毒长得都不一样。

人类为预防疾病接种了疫苗，所以我的很多亲戚根本就没法拜访你们。

鼻病毒（伤风感冒）

轮状病毒（腹泻）

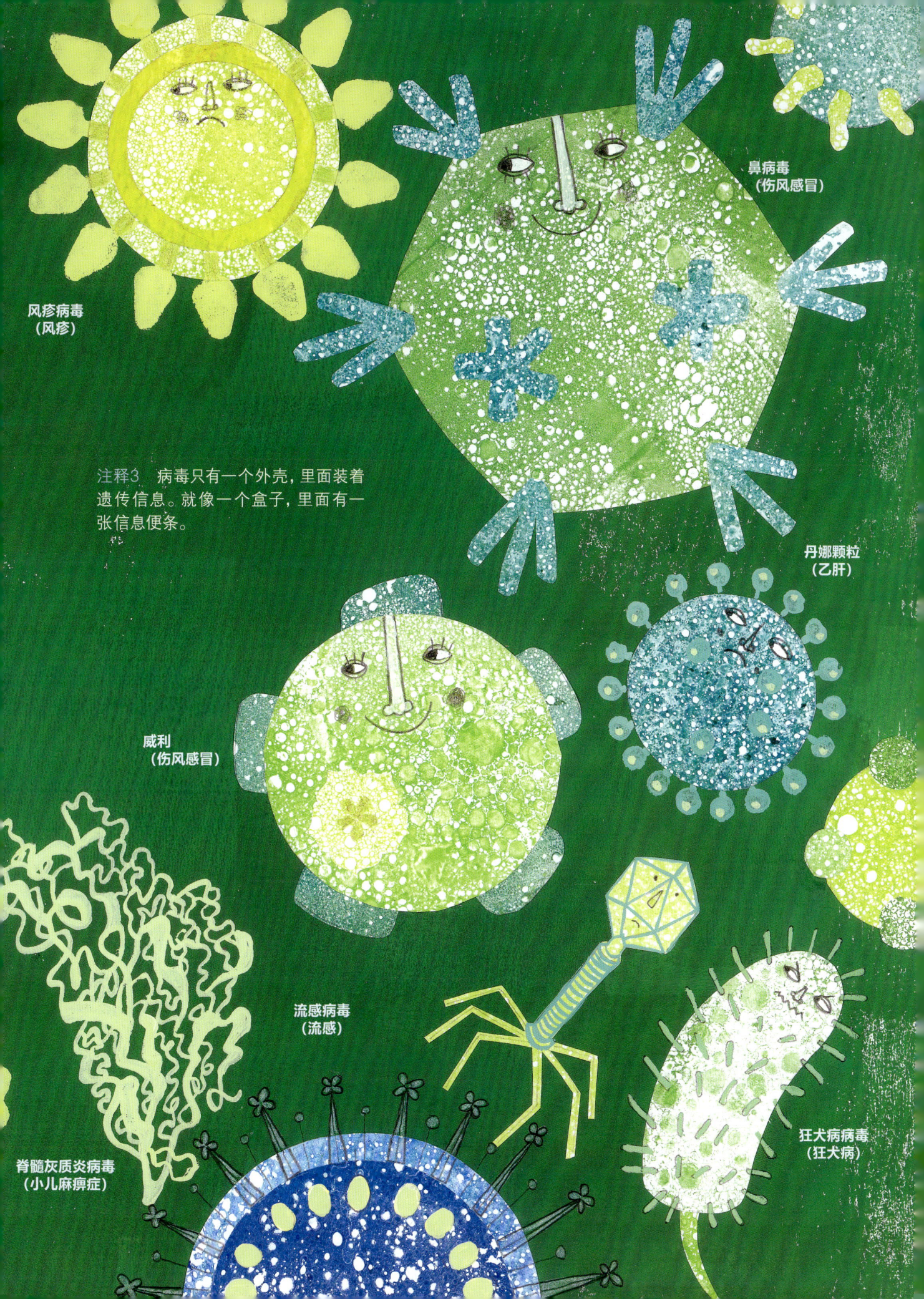

150千米/时

据说我们病毒不是真正的生物,因为我们为了能够存活和繁殖,还需要真正的生物。真正的生物会款待我们,所以我们称它们为"寄主"。我们最喜欢找你们人类做寄主。

注释4 植物不会呼吸,也不会打喷嚏,所以植物病毒就会利用昆虫(比如蚜虫),从一株植物转移到另一株植物上。

我还非常喜欢旅行。当你们说话或咳嗽的时候,我能轻轻松松地飞出好几米,从一个人身上飞到另一个人身上。如果你们打喷嚏的话,我飞得就更快了,就像每小时前进150千米的飓风,"嗖"地从空中飞过。

我也喜欢从一只手上溜到另一只手上。怎么能让我快点到你们那里呢?我有几个特别的点子:

- 用手捂住鼻子打喷嚏，然后马上用这只手去握别人的手。
- 用手擤鼻涕，然后去拉门把手，再请别人把门关上。
- 按了电灯开关后马上挖鼻孔。

这样，我就会很快钻进另一个人的身体里。

注释5　从感染病毒到出现生病症状，需要一段时间，这段时间叫"潜伏期"。感冒的潜伏期一般是1～3天，儿童可能更短。

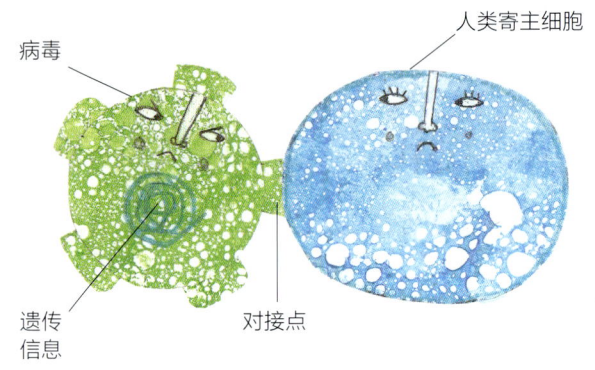

进入你们的身体后,我会在你们的鼻黏膜上找一个合适的细胞钻进去。这个细胞就成了我的寄主细胞。

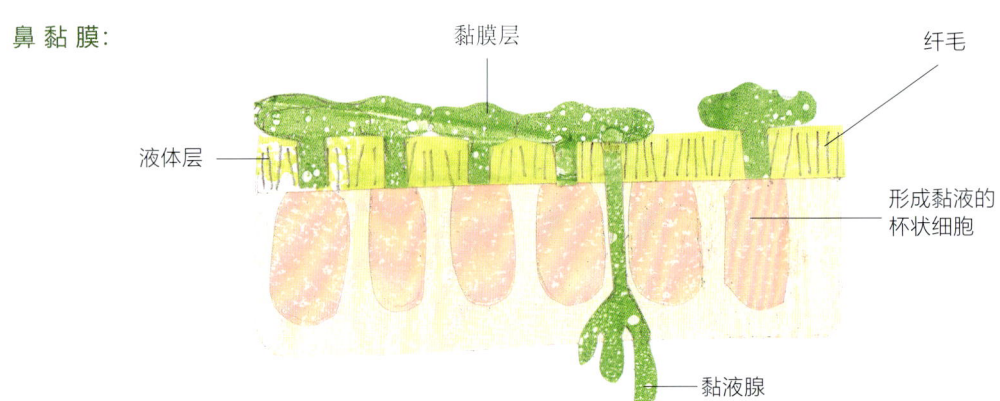

注释7.1 病毒并不会随便找一个细胞,两者之间必须相互匹配——就好比病毒有一把钥匙,这把钥匙必须能打开细胞这把锁。

然后,我把我的遗传物质注入这个寄主细胞,迫使它像复印机那样制造出许多新的感冒病毒。

注释7.2 某些种类的病毒甚至能让它的寄主生产10万多个新病毒。

这样,很快就有了很多很多新的威利。这太棒了!

你们对我们真的很不友好。我和我的孩子们还没有开始过上舒适的日子,你们就想赶我们走了。

你们的身体会派出一支防御细胞部队。不管我们藏得有多深,这些防御细胞都能把我们找出来。一旦发现我们,它们就会派出增援部队——吞噬细胞。

这下我们就惨了,吞噬细胞很快会把我们吞掉。

注释8 人类的身体拥有一种记忆细胞,它们会"记住"体内存在过哪类病毒。当这类病毒再次发起进攻时,身体就会作出更加迅速的反应。但病毒也会很快变异,一次又一次骗过身体。

注释9.1 平均而言，一个人每年要用150包纸巾。

当你们擤鼻涕的时候，我只能放弃一些孩子。要是你们不一直擦鼻涕的话，我们就能在你们身上待久一点。

我也不喜欢你们吸热气，这样我会很热，就像蒸桑拿。我一点儿也不喜欢出汗，宁可离开，去找新的寄主。

注释9.2 感冒的时候，为了排出病毒，人体会产生更多的水分。这样一来，鼻黏膜就会肿大。所以，感冒的时候除了流鼻涕，还经常会鼻塞。

注释10.1 感冒是世界上最常见的传染病。"传染"的意思是"感染"或"装进去"。传染病是由侵入体内的病原体引起的。

我们无

全世界任何角落都

处不在

们小核糖核酸病毒。

注释10.2 尽管感冒很普遍,但直到今天,人类还没有对付感冒的疫苗,因为感冒病毒的种类太多了,而且它们会很快变异。

我们 病毒

喜欢你们

凯撒大帝

茜茜公主

莫扎特

猫王

所有 的 人，

无论**女人**  还是 **男人**,

无论 小孩   还是 **大人**,

无论是 **赫赫有名**,
还是 **默默无闻**。

我们最喜欢在秋天和冬天拜访你们,因为寒冷的空气会使你们的鼻黏膜变干,你们的身体就不能迅速地组织防御了。

我们肯定又会马上见面的。

我好期待!

再见!

你们的 **威利**